Karishma Badekar

Clonagem de dois genes de resposta ao arsénio de Lysinibacillus sphaericus

AF665111

Karishma Badekar

Clonagem de dois genes de resposta ao arsénio de Lysinibacillus sphaericus

ScienciaScripts

Cover image: www.ingimage.com

This book is a translation from the original published under ISBN 978-3-639-71373-2.

Publisher:
Sciencia Scripts
is a trademark of
Dodo Books Indian Ocean Ltd. and OmniScriptum S.R.L publishing group

120 High Road, East Finchley, London, N2 9ED, United Kingdom
Str. Armeneasca 28/1, office 1, Chisinau MD-2012, Republic of Moldova, Europe
Printed at: see last page
ISBN: 978-620-7-99410-6

Resumo

O arsénio é classificado como um metal pesado que contamina gravemente os alimentos humanos, a água potável e o ambiente em muitas regiões do mundo. A exposição prolongada ao arsénico pode provocar o envenenamento crónico da saúde humana, levando a muitas doenças letais e potencialmente fatais, como o cancro, a queratose, a gangrena, lesões pulmonares, renais e hepáticas, bem como muitas outras doenças neuro-vasculares.

Para fazer face a este problema, os investigadores do grupo de investigação em biotecnologia da Universidade de Skovde identificaram e isolaram uma estirpe bacteriana *Lysinibacillus sphaericus* sp. BI-CDA de um solo contaminado com arsénio. Esta estirpe é resistente ao arsénio, pode absorver o arsénio da fonte contaminada e armazená-lo no interior das células, reduzindo assim o teor de arsénio na fonte contaminada. A sequenciação do genoma desta estirpe revelou que a bactéria possui vários genes de resposta ao arsénio. O grupo de investigação também realizou vários estudos *in silico* sobre estes genes para determinar as suas funções moleculares. Dois destes genes, *arsB* e *arsC*, foram previstos como estando envolvidos na absorção e armazenamento de arsénico no interior das células. Neste trabalho de tese, os genes *arsB* e *arsC* foram clonados a partir do ADN genómico da bactéria por PCR, utilizando sequências de bases de dados como iniciadores. Estes genes foram depois transferidos para dois vectores de clonagem pMANl080 e pMAN0385, respetivamente. O vetor pCAMBIAl30l foi utilizado para construir os vectores binários para a transferência destes genes para plantas de tabaco, utilizando a transferência de genes mediada por T-DNA *da Agrobacterium tumefaciens*. Foram construídos com êxito dois vectores binários, cada um com os respectivos genes de resposta ao *arsénio arsB* e *arsC*. Os calos transgénicos derivados da transformação do disco foliar foram selecionados com êxito. Foram gerados rebentos transgénicos, mas com uma frequência de transformação muito baixa (<6%).

Resumo científico popular

O principal problema ambiental deriva da contaminação do solo e da água e é considerado o maior problema à superfície da terra. Os metais pesados são a principal razão para estas contaminações. Estes metais são distribuídos pelas terras agrícolas e daí são transferidos para as culturas, contaminando assim os produtos agrícolas.

Os metais pesados são perigosos porque não podem ser decompostos em compostos mais pequenos e mais seguros. O arsénio é considerado o metal pesado mais perigoso e perigoso de todos. Uma importante reação incendiária em todos os organismos, a fosforilação oxidativa, é inibida pelo arsénio, entre outros processos. Assim, considera-se frequentemente que o arsénio é um elemento perigoso não só para os seres humanos, mas também para os animais, as plantas e outros organismos vivos, como a flora e a fauna, e os microrganismos. O corpo humano é incapaz de eliminar estes metais pesados, quando estes se encontram no seu interior. Os estudiosos e investigadores estão a tentar encontrar formas de eliminar estes metais pesados das fontes, de modo a que a água e os alimentos possam ser seguros para consumo. Para eliminar esta contaminação, são efectuados métodos que incluem grandes operações mecânicas com uma base limitada. Além disso, na maior parte dos territórios poluídos da maioria dos países em desenvolvimento, os solos não são tratados. A estirpe de bactérias transmitidas pelo solo *Lysinibacillus sphaericus* tem a capacidade de se manter mesmo em terrenos contaminados com arsénico, uma vez que esta bactéria é altamente mutante, o que a ajuda a adaptar-se facilmente às toxinas ambientais.

Uma abordagem para a remoção de poluentes é a biorremediação, um processo que utiliza microrganismos para a remoção de poluentes. As águas/fluidos contaminados com arsénio podem ser tratados por bactérias com genes de absorção de arsénio, o que as torna boas candidatas à remoção de arsénio de águas/fluidos contaminados.

A engenharia genética oferece grandes possibilidades de remediar o poluente tóxico *in situ*, o que pode ajudar a resolver o problema da eliminação da contaminação por metais pesados em grande escala, que não podem ser removidos por processos convencionais. Com a ajuda desta técnica, o material genómico/genes de bactérias que contribuem para a remoção de poluentes tóxicos da água podem ser transferidos com sucesso para plantas e estas podem ser utilizadas para a remediação dos contaminantes do solo. Este processo é designado por fitoremediação.

Neste trabalho de tese, foram construídos dois vectores binários com os *genes arsB e arsC*, que são genes responsivos ao arsénio isolados de uma bactéria do solo *Lysinibacillus sphaericus*. Os vectores foram então transferidos para *Agrobacterium tumefaciens*. Estes genes foram transformados separadamente em plantas de tabaco utilizando a transformação do disco foliar mediada por T-DNA de *A. tumefaciens*. Os rebentos transgénicos foram obtidos com sucesso. Espero que estas plantas possam ser utilizadas para a fitorremediação de arsénicos dos solos contaminados.

Abreviaturas

A. tumefaciens	*Agrobacterium tumefaciens*
ArsB548	Arsenic responsive gene 548
ArsC1254	Arsenic responsive gene 1254
As	Arsenic
E. coli	*Escherichia coli*
L. sphaericus	*Lysinibacillus sphaericus*
N. tabacum	*Nicotiana tabacum*

Índice

Capítulo 1

Introdução

Com a expansão da industrialização e os avanços tecnológicos no domínio da agricultura e da engenharia, a demografia humana também cresceu exponencialmente. As várias investigações efectuadas no domínio da medicina e da biologia têm ajudado a população a viver uma vida saudável e de qualidade. Este facto também provocou um certo aumento da população humana nos últimos 200 anos, resultando na produção de resíduos, efeitos negativos, explorações, alterações climáticas, catástrofes naturais e contaminação da água e da terra.

Nós, como espécie que vive num planeta, somos críticos e fundamentais para a sobrevivência a longo prazo, enfrentando muitos problemas ambientais devido à rápida expansão da comunicação e da tecnologia (Sharma e Singh, 2015). Por conseguinte, surgiram novas provocações com vista à proteção do ambiente num mundo em constante desenvolvimento, onde estes poluentes se têm vindo a propagar devido a grandes operações industriais. De acordo com a Agência de Proteção Ambiental dos EUA (U.S. EPA, 2001), nas explorações agrícolas dos EUA, o arsénio é um dos metais tóxicos mais importantes e destacados que se encontra frequentemente nas terras agrícolas dos EUA, na sua forma inorgânica, nomeadamente arsenito (AsIII) e arsenato (AsV), como fonte de grande poluição e contaminação formada para as terras agrícolas, não está a tornar-se uma ameaça a nível mundial (Bruins 2000; Xiong et al., 2012).

O crómio, o níquel e o cádmio são alguns dos metais considerados letais e causadores de graves problemas de saúde aos indivíduos diretamente expostos a eles (Joshia, n.d.). Devido à expansão alargada destes poluentes, a vida dos animais e dos seres humanos está em risco. São também muito nocivos para a natureza. Estes poluentes, quando entram no corpo dos animais ou das culturas, tornam-se portadores destes poluentes para os seres humanos e as suas nascentes. (Hogan, 2012).

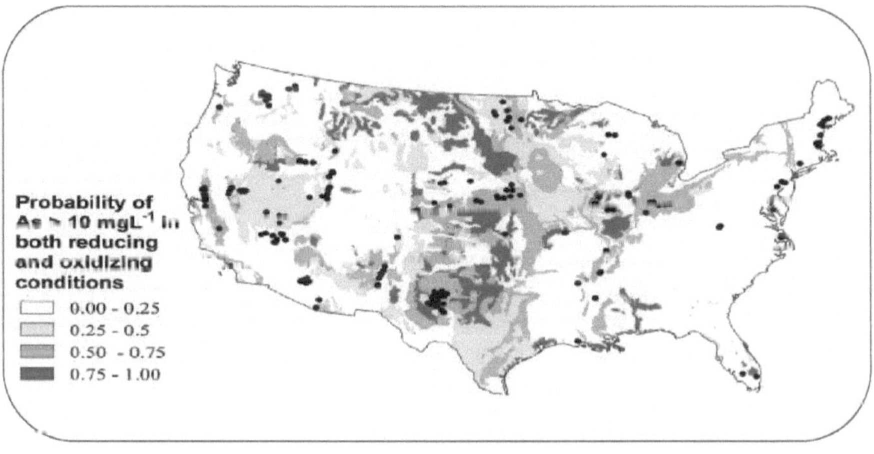

Figura 1 Condições de redução e oxidação nos EUA da contaminação por arsénio nas águas subterrâneas, onde o arsénio é solúvel.

Este metal (arsénio) é considerado um dos metais mais comuns que se encontra nas águas subterrâneas e é responsável pela contaminação da água e do solo. As áreas mais poluídas do planeta encontram-se na Ásia, especialmente no Bangladesh, na China e na Índia. Além disso, várias regiões de África e dos EUA, incluindo a América do Sul, são afectadas por este tipo de contaminação. A figura 1 ilustra os efeitos nocivos que provoca quando a parte do corpo é exposta a estas áreas a longo prazo (Amini et al., 2008). Devido ao estado anormal de contaminação do solo e da água nas regiões do Sul da Ásia, a maior parte da população desta zona consome frequentemente alimentos que contêm uma elevada quantidade deste metal nocivo (Fageria, 2007). Observam-se algumas doenças de pele comuns e cancro quando a parte da pele é exposta durante um longo período de tempo. Quando se utiliza esta água contaminada ou culturas cultivadas neste solo, pode haver uma ameaça direta para os rins, cólon, fígado, bexiga ou pulmões sob a forma de perturbações e infecções. Cancro e deficiência, bem como perturbações da reprodução (Anwar et al., 2002; Banerjee etal., 2011; Kao etal., 2003).

A principal via de contaminação dos seres vivos - o arsénico na alimentação - é realizada através da digestão e do consumo de água contaminada e de vegetais desenvolvidos em solos contaminados com arsénico, quer através do consumo direto de plantas ou de animais domesticados sustentados com arsénico. 70% das culturas, como o arroz, que estão poluídas com arsénio, são fornecidas por esta região do mundo, o que é responsável por um nível substancialmente mais elevado de consumo de arsénio (Halder et al., 2012). Não só o consumo de culturas contaminadas constitui uma ameaça para a saúde, mas também os animais que foram alimentados com este tipo de culturas são igualmente motivo de preocupação para o ser humano, quando os subprodutos desse gado são utilizados. (Rahman et al., 2009), isto é facilmente evidenciado pelo facto de a utilização da carne e das aves de capoeira desses bovinos e animais acarretar um nível de risco mais elevado para as pessoas dessas zonas.

O arsénico por si só e, por vezes, alguns dos subprodutos do arsénico podem ser prejudiciais, especialmente quando reagem com os grupos tiol das proteínas, evitando a fosforilação oxidativa, o que resulta ainda na forma de funções celulares inactivas, geralmente (Rey et al., 2004; Das et al., 2005; Bredfeldt, et al., 2006). Além disso, o arsenito também cria barreiras na formulação da acetil-CoA e da desidrogenase succínica (Thomas, Styblo e Lin, 2001). Vários investigadores têm trabalhado para encontrar os processos que permitam evitar a contaminação da água ou remover os poluentes das áreas afectadas (Musingarimi et al., 2010).

A necessidade mais importante das últimas décadas é a água doce. É um elemento importante para todos os seres vivos e, à medida que consumimos a água do solo, dos rios e dos lagos, a água doce tem sido desvalorizada devido à contaminação. A contaminação da água expandiu-se exponencialmente desde a transformação moderna devido a actividades humanas, por exemplo, curtumes, metalurgia, resíduos civis, mineração, actividades agro-sanitárias como a produção de estrume (Kaewarsan e Yu, 2001; Rahman et al., 2014; 2015). Este mau manuseamento fundamental e intermitente da água doce está a provocar uma emergência hídrica notável e, se não forem tomadas medidas, a água filtrada pode transformar-se numa mercadoria significativa e podem surgir conflitos sociais pela necessidade de um abastecimento de água doce, bens normais, por exemplo, o neem pode transformar-se numa fonte de limpeza da água (Jain, Patil e Lal, 2014).

Bioremediação (O ato de tratar resíduos ou poluentes com a utilização de microorganismos)

Os biorreactores são utilizados para o crescimento de bactérias que são normalmente utilizadas nos grandes projectos industriais, têm a capacidade de garantir um certo nível de proficiência. A bioremediação é um processo de evacuação de resíduos que utiliza microrganismos, tendo em conta o objetivo final de expulsar toxinas perigosas de regiões contaminadas. Os microrganismos são frequentemente utilizados para o tratamento da água e para a eliminação de resíduos naturais (Harms et al. 2011; Furuno, et al., 2010; Silar et al. 2011), ou são menos venenosos, transformando as toxinas em metabolitos inofensivos para a saúde (Iwamoto e Nasu, 2001; Gianfreda e Nannipieri, 2001). Os biorreactores limitados e de elevada manutenção para o tratamento de resíduos são regularmente utilizados como parte das estações de tratamento de águas. Embora os metais substanciais não sejam biodegradáveis, podem sofrer uma progressão de alterações, por exemplo, sorção, metilação, complexação e alterações na valência que influenciam a sua biodisponibilidade (Ray, 2009).

Tipos de bioremediação

Existem várias técnicas que são utilizadas para a remoção de compostos tóxicos da água poluente e de outras fontes. A biorremediação também é utilizada para alguns destes objectivos. Para efetuar a biorremediação, são utilizadas várias técnicas (Naik e Duraphe, 2012). As mais comuns são;

Bioreactores

O biorreactor é um dispositivo de engenharia que suporta um ambiente biológico ativo. Desempenha um papel vital nas estações de tratamento de água. No contexto da cultura celular, este dispositivo destina-se a cultivar células e tecidos.

Bio-filtros

Os biofiltros são normalmente utilizados em fábricas e outras indústrias relacionadas com a refinação. O processo de biofiltração é efectuado para capturar e degradar os poluentes.

Bombear e tratar

O sistema Pump and treat é composto por três partes:

1. bombagem de água do solo, que está poluída, para a superfície
2. tratamento das águas superficiais num bioreactor, e
3. Regressar ao terreno.

Compostagem

Este processo envolve um processo termofílico e aeróbico que se baseia na utilização de resíduos orgânicos com a ajuda de agentes de volume e bactérias.

Bio-estimulação/ Bio-augmentação

Adição de bactérias benéficas para a zona poluída ou contaminada.

Bioventing

Este método é responsável pelo tratamento do solo que está contaminado, adicionando oxigénio ao solo para iniciar o crescimento de micróbios. A bactéria é responsável por degradar os metabolitos perigosos do solo.

Bioremediação de solos

Pode dizer-se e observar-se que os organismos, especialmente os microrganismos, são actores úteis e eficazes na remediação, mas há casos em que não podem ser utilizados eficazmente. Um desses casos é a bioremediação de terrenos agrícolas. As terras agrícolas estavam poluídas com arsénio, que é considerado um poluente não degradável para o solo. O processo de remediação no solo é difícil devido ao facto de os microrganismos não poderem ser facilmente separados do solo. O processo de descontaminação do solo pode ser efectuado através do transporte do solo (contaminado) para a área de tratamento. Aí, são realizados processos especiais como o tratamento do solo, a solvatação e a extração de minerais e nutrientes naturais. Após estes processos, o solo é transportado de volta para a sua área de origem (Aboulroos et al., 2006; Francis et al., 1999; Salt et al., 1995). O solo que foi submetido a tratamento necessita de atenção e requisitos especiais; isto é, são necessários fertilizantes e suplementos para que o solo fique em boa forma e possa crescer e sustentar culturas saudáveis.

Fitoremediação (utiliza plantas como bioreactor)

Outra metodologia fascinante para a evacuação de metais substanciais é a fitorremediação. Em vez de utilizar microrganismos, a fitorremediação concentra-se na utilização de plantas como bioreactores para expulsar venenos dos locais degradados. Ao utilizar plantas hereditariamente alteradas como meio para eliminar os venenos, deixa de ser necessária a estrutura substancial necessária para expulsar os micróbios da fonte poluída, bastando evacuar a planta juntamente com a sua estrutura radicular para resolver este problema. Atualmente, a técnica de fitorremediação é utilizada em grande parte para o tratamento de metais e toxinas naturais que contaminam tanto a água doce como o solo, devido à capacidade das plantas de absorverem estes poluentes através da sua estrutura radicular. Foram descritas algumas metalófitas ou plantas hiperacumuladoras de metais (Li et al., 2011; Wang et al., 2002). Esta nova aplicação biotecnológica desenvolveu-se devido ao progresso da ciência atómica e da construção hereditária nas últimas décadas, de modo a alterar os agrupamentos hereditários, melhorar a articulação das proteínas e aumentar as respostas enzimáticas. A técnica simples e permanente de modificação genética de plantas foi introduzida devido à revelação da estratégia de contaminação devido à apresentação do genoma da planta do plasmídeo Ti.

Deve haver uma pergunta: porque é que apenas a planta do tabaco foi utilizada nesta experiência? Porque o tabaco (*Nicotiana tabacum*) é fácil de colher, tem um crescimento rápido, é eficazmente colhido e tem uma técnica de engendramento excecionalmente simples, cada planta produzindo um grande número de sementes. Para além disso, a sua flexibilidade em vários âmbitos, temperatura, viscosidade e condições do solo faz da *N. tabacum* uma planta perfeita para aplicações geográficas completamente diferentes. Nesta experiência, a planta do tabaco foi selecionada devido à sua capacidade acima descrita e ao seu limite intrínseco de recolha de metais (Evangelou, 2007).

Envenenamento por arsénico

O trióxido de arsénio é um composto fundamental que é amplamente utilizado na base comercial, quase 100.000 toneladas de arsénio são produzidas todos os anos. Verifica-se que, concomitantemente com a síntese de minérios (Mihajlovic 2007; Tongamp et al., Rehren, et al., 2012; 2009), foi obtido um teor de 2 a 3% em metais de chumbo e cobre e cerca de 11% em metais preciosos como o ouro. Entre os minerais sem fundo, o que mais se destaca é o arsénio, que pode ser encontrado nas rochas, no solo e na água, mesmo nos seres vivos (Caumette, et al., 2011; Emsley, 2011). Está classificado na categoria dos metais, devido ao facto de ter propriedades de metais e não metais. É também classificado como um metal pesado devido à sua natureza perigosa. O arsénio pode ser encontrado tanto na forma inorgânica como em combinação com o ferro, o oxigénio, o enxofre e o cloro; também pode ser encontrado sob a forma de combinação com hidrocarbonetos. Os tipos inorgânicos de arsénio são em grande medida venenosos e são identificados com as poucas doenças já expressas (Meliker et al., 2011). Apesar de o arsénio ser uma questão de grande preocupação para a saúde e o bem-estar, é também considerado e utilizado como parte da indústria e do desenvolvimento.

O arsénio está a tornar-se uma questão de grande preocupação para a saúde e o bem-estar humanos. Foram descritos alguns métodos comuns para a expulsão do arsénio da fonte contaminada, por exemplo, a troca iónica e o tratamento eletroquímico, a dissipação, a osmose inversa, a precipitação e a extração dissolvível (Martinez-Villafane, et al., 2009; Wang, Li e Tao, 2009; Moussavi e Barikbin, 2010). Estes sistemas apresentam também alguns inconvenientes, nomeadamente o facto de serem dispendiosos e de serem utilizados vários métodos ineficientes que representam um desperdício de tempo e dinheiro. Especialmente, quando se trata de gerir níveis mais baixos de poluentes do solo e da água (Choong, et al., 2007; Ezzouhri, et al., 2009; Zafar et al., 2007). O arsénico é amplamente utilizado como parte da indústria num vasto leque de procedimentos, desde a horticultura a artigos militares. As madeiras CCA ou arseniato de cobre cromatado foram utilizadas como parte de todas as aplicações concebíveis para tábuas exuberantes

Uma vez que a prática teve um alcance tão grande devido à toxicidade, nos últimos 15 anos os governos estão a fazer experiências para eliminar estes materiais, mas não o conseguiram fazer em certa medida. Devido ao seu impacto nocivo em toda a grande maioria dos seres vivos. O teor de arsénico pode também ser utilizado no tratamento de doenças, como a solução de Valagin, que contém tricloreto de arsénico (AsCl3), e a solução de Donovan, que contém triiodeto de arsénico (AsI3), foram receitadas para o tratamento de doenças, febre da selva, inflamação das articulações, tuberculose, diabetes e contaminações por tripanossomas.

Na prescrição atual, o arsénio tem sido extremamente confinado devido ao perigo ou vantagem que lhe está associado e à acessibilidade das opções de alternativas em medicamentos e tratamentos. No ano de 2001, o trióxido de arsénio foi aprovado pela Food and Drug Administration (FDA) para o tratamento de um cancro dos glóbulos brancos, a leucemia promielocítica aguda (LPA) e a LPA (Bentley e Chasteen, 2002), apesar dos graves problemas médicos relacionados com a recolha de arsénio.

ArsB gene 2890/ArsC gene 548

As experiências anteriores realizadas na universidade indicaram que a absorção de arsénio por Escherichia coli transgénica contendo os genes *arsB2890* e *arsC548* diminui o arsénio no meio até metade quando é centralizado em meio contendo arsénio, (teoria de mestrado, informação não distribuída). A alta proficiência de absorção de arsénio que estas qualidades demonstram contrasta com os seus homólogos de plantas. E isto torna-as uma opção intrigante para aplicações de fitorremediação. A B1-CDA de *Lysinibacillus sphaericus*, que é uma estirpe bacteriana, é uma bactéria do solo apta a sobreviver numa situação excessivamente contaminada com arsénio. Estes genes são responsáveis pela digestão e pela absorção do arsénio: os genes *arsB2890* são considerados como o impulso de efluxo do arsénio (arsenato redutase), que é necessário para a absorção do arsénio do meio, e *o arsC548 como arsenato redutase* (Rahman et al., 2014).

AsV é produzido a partir de AsIII, que é uma forma reduzida de AsIII, excessivamente letal em muitas criaturas, no entanto, a sua diminuição de, AsIII pode enquadrar edifícios com alguns peptídeos, por exemplo, fitoquelatinas (PCs) (Aborode et al., 2016) e glutationa (GSH) (Chavez-Capilla et. al., 2006). Foi encontrado um número de arsénio redutase que foi isolado da planta (Raab et al. 2004). No entanto, este foi o primeiro caso em que a arsenato redutase bacteriana foi introduzida em plantas. Os vectores de plantas pMAN1080 e pMAN0385 deste trabalho de tese foram construídos de acordo com os genes *arsB2890* e *arsC548* individualmente. Estes dois vectores vegetais construídos foram introduzidos na *Agrobacterium tumefaciens* LBA4404 com um objetivo final específico. A experiência mostrou resultados trans- formantes positivos.

Para melhorar o bem-estar, hipoteticamente, se estes genes mostrarem algum impacto nas plantas em contraste com a sua fonte original, isto pode levar à produção em massa e pode ser facilmente transportado, podendo também ser cultivado em terras contaminadas. Isto pode diminuir drasticamente o nível de arsénico e pode contribuir para a satisfação pessoal de um grande número de indivíduos em todo o mundo, além de poupar dinheiro em condições de restauração que surgem da contaminação por arsénico. Além disso, a grande maioria do arsénico pode ser recuperada e reutilizada na indústria.

Objectivos

O objetivo a longo prazo deste projeto é remover o arsénico do solo contaminado através da utilização de plantas de tabaco geneticamente modificadas. Isto conduzirá à proteção da saúde humana e do ambiente contra a contaminação por arsénio. Neste projeto, dois genes responsivos ao arsénio foram abordados como potenciais candidatos à modificação genética do tabaco que podem servir para este fim. O objetivo fundamental desta tese consiste no seguinte:

1. Isolamento dos genes *arsB2890* e *arsC548* de *Lysinibacillus sphaericus* sp. B1-CDA

2. Construção de um vetor binário para transformação de plantas contendo o gene *arsB2890*

3. Construção de um vetor binário para transformação de plantas contendo o gene *arsC548*

4. Transformação dos dois vectores em *A. tumefaciens.*

5. Transformação de *N. tabacum* com os vectores binários e regeneração de plantas transgénicas.

6. Tentativa de analisar a função dos genes em *N. tabacum* transgénica.

Capítulo 2

Materiais e métodos

Realizado com os seguintes passos:

- Extração de ADN de *L. sphaericus*
- Construção de dois vectores
- Análise de restrição para a confirmação de dois vectores
- Transformação de *A. tumefaciens*
- Transformação de plantas mediada por *A. tumefaciens*

Para isolar os genes *arsB2890* e *arsC548*, foi necessário o ADN genómico de *L. sphaericus*. Para o efeito, foram preparadas placas de ágar LB, nas quais *L. sphaericus* sp. B1-CDA foi semeado a partir do caldo contido e as placas foram incubadas a 36°C durante 48 horas. Além disso, o processo foi levado a cabo colhendo uma única colónia e depois cultivando a colónia para cultura bacteriana num tubo de 15 ml que continha 4 ml de meio LB líquido e foi mantido numa incubadora com agitação a 36°C durante 24 horas.

Para este processo, foi utilizado o MasterPure™ Gram Positive DNA Purification Kit (Epicentre) para a experiência seguinte, o que ajudou a recolher o ADN genómico das bactérias.

Em segundo lugar, utilizando a reação em cadeia da polimerase, os genes *arsB2890* e *arsC548* foram isolados para a construção do vetor a partir do ADN genómico de *L. sphaericus* sp. B1-CDA. A partir da Figura 2, podemos ver que foram introduzidas etiquetas nos primers para a sua ligação ao vetor. Os genes foram digeridos durante a noite de modo a obter os sítios de restrição para *NcoI* (a montante) e *AflII* (a jusante) com ambos os sítios de restrição e foram purificados para ligação.

A. F- 5'-AGACACAACCATGGAATGACGATTCAATTTTT- 3'
R- 5'-ACGAACCGCTTCGAATTATTTCCAAGCTTGCTC- 3'

Figura 2.A. Conceção de um iniciador para criar sítios de restrição para AflII (verde) e NcoI (vermelho) para os genes *arsB2890* e *arsC548 (azul: controlo do códão de arranque; laranja: sequências de extremidade adicional de estabilidade)*

B. F' 5'- AGACACAACCATGGAATGAGTAATGATTCTTTAACC -3'
R' 5'- ACGAACCGCTTCGAAATTGCTCCTTATAATTTAATGG -3'

Figura 2.B. Desenho de um primer para criar sítios de restrição para AflII (verde) e NcoI (vermelho) para os genes *arsB2890* e *arsC548. (Azul: Controlo do códão de início; laranja: Sequências terminais adicionais de estabilidade RE; sublinhado: região não-codificante do arsB2890).*

Em seguida, foi utilizado o vetor binário pCAMBIA1301, que ajudaria a albergar os genes *arsB2890* e *arsC548* nas células vegetais. O gene GUS está estruturado no plasmídeo, com a ajuda de um promotor CAMV 35s, que é ideal para as plantas com elevada expressão. O gene GUS foi substituído por ambos os genes com a ajuda da digestão de uma enzima NcoI/ *AflII*. Após a substituição do GUS dos genes *arsB2890* e *arsC548*, é de esperar que seja observada uma elevada expressão na planta.

Para além disso, realiza-se a eletroforese em gel de agarose, gel cuja concentração é de 1%. A digestão do vetor binário pCAMBIA1301 é feita com *NcoI/AflII* e corre-se no gel. Que depois é processado a 90mV durante uma hora e meia. Posteriormente, foi utilizado o kit QIAquick Gel Extraction (Qiagen) para obter a banda necessária de 10 kb que pertence ao vetor aberto sem o gene GUS.

Utilizou-se T4 DNA Ligase para o processo de ligação da construção (Promega) e deixou-se a ligação durante cerca de 1 hora e meia devido à menor eficácia nas tentativas efectuadas ultimamente. Seguiu-se a transformação bacteriana, a fim de confirmar se a construção do vetor foi bem sucedida ou não.

Foi realizada a transformação do vetor E-coli Dh5α que é quimicamente competente, com a ajuda de transformação através de choque térmico, dentro da gama de 42 graus Celsius durante 45 segundos e foi incubado durante a noite no meio líquido LB contendo 50 mg/l de canamicina. A colónia de PCR foi utilizada para a seleção de células transformadoras e foi preservada nas placas. Após o processo bem-sucedido de clonagem de bactérias, as construções foram rotuladas como pMAN0385 e pMAN1080, que possuem os genes *arsB2890* e *arsC548*, respetivamente. O QIAquick plasmid minikit ou Qiagen foi utilizado para o isolamento dos plasmídeos, após o crescimento da E-coli.

Foi utilizada a técnica de análise de restrição para identificar se as construções do vetor estavam corretas. Este foi concebido com a ferramenta de corte NEB da New England Biolabs. A análise foi efectuada em dois conjuntos de cortes, como se mostra na figura 3. A BstHI (esquerda) (NEB) foi utilizada para o primeiro corte e a mesma enzima foi utilizada para um segundo corte que foi efectuado por ligação: *NcoI* e *AflII* (direita).

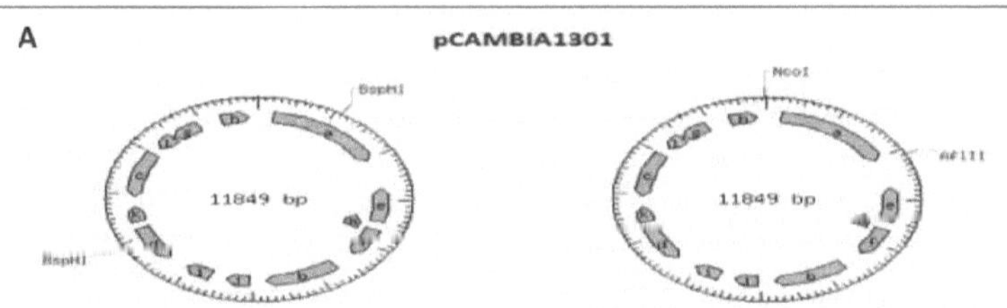

#	Ends	Coordinates	Length (bp)
1	BspHI-BspHI	1094-7933	6840
2	BspHI-BspHI	7934-1093	5009

#	Ends	Coordinates	Length (bp)
1	AflII-NcoI	2106-11842	9737
2	NcoI-AflII	11843-2105	2112

Figura 3.A. Vetor com cortes e fragmentos esperados, juntamente com as extremidades, coordenadas e comprimento em pares de bases na análise de restrição. controlo

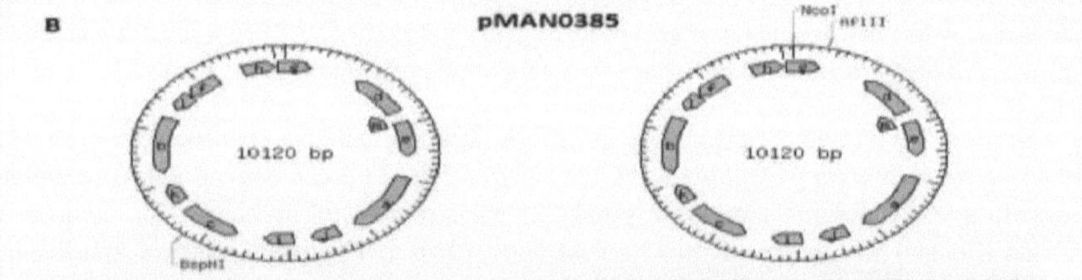

#	Ends	Coordinates	Length (bp)
1	BspHI-BspHI	6213-6212	10120

#	Ends	Coordinates	Length (bp)
1	AflII-NcoI	385-1	9737
2	NcoI-AflII	2-384	383

Figura 3.B. Vetor com os cortes e fragmentos esperados, juntamente com as extremidades, coordenadas e comprimento em pares de bases na análise de restrição dopMAN0385

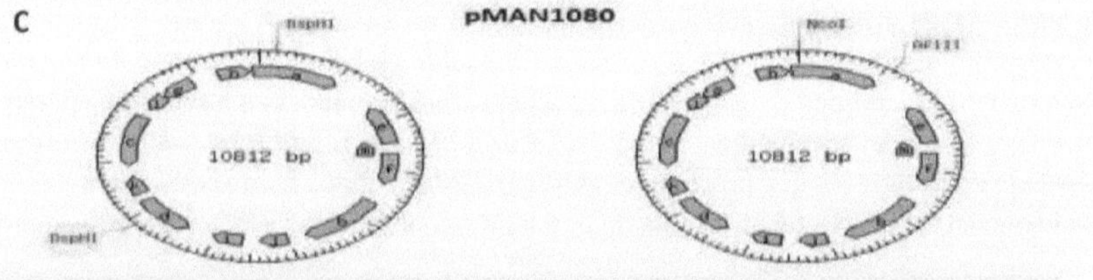

#	Ends	Coordinates	Length (bp)
1	BspHI-BspHI	188-6904	6717
2	BspHI-BspHI	6905-187	4095

#	Ends	Coordinates	Length (bp)
1	AflII-NcoI	1077-1	9737
2	NcoI-AflII	2-1076	1075

Figura 3.C. Vetor com os cortes e fragmentos esperados juntamente com as extremidades, coordenadas e comprimento em pares de bases na análise de restrição dopMAN1080.

Após a análise de restrição, a construção como veículo para a transformação de plantas foi introduzida em *A. Tumefaciens.* Também este processo foi efectuado após a sequência ter sido verificada. Para portar o vetor a ser transformado pelo processo de eletroporação (12,5 kV/cm) foram utilizadas células da Thermo Fisher Scientific (Electromax *A. tumefaciens* LBA4404). Para cultivar as células, foi utilizado o meio seletivo (meio YM) que contém Kanamicina 50 mg/l, Estreptomicina 300 mg/l e Rifampicina 100 mg/l durante os 2 dias seguintes a 28 graus Celsius. Seguiu-se o rastreio dos transformantes com a PCR de colónia e foram preservados em placas YM selectivas.

Uma vez que os vectores para a transformação de plantas foram construídos e introduzidos em *A. tumefaciens,* deu-se início à última etapa, que consistiu na transformação de *N. tabacum* com eles e na avaliação dos resultados.

Foi utilizado etanol a 70% para esterilizar as sementes de *N. tabacum* e germinadas em placas MS esterilizadas. Quando as plântulas da planta cresceram até ao comprimento de 10 mm, foram transferidas para os frascos de comida para bebé (BFJ), que foram esterilizados. As plântulas foram deixadas lá para continuarem a crescer; o objetivo do crescimento das plântulas era atingir as folhas suficientemente crescidas nas quais o calo pode ser facilmente induzido.

Após o crescimento necessário, as secções de folhas foram preparadas para a transformação em incubação, onde foram deixadas durante uma semana num CIM (meio) não seletivo.

Antes de iniciar o processo de co-cultura, *A. tumefaciens* foi cultivada durante 2 dias num meio YM selecionado. Foram introduzidos 200 mM de acetosiringona líquida no meio CIM, no qual foram colocadas as secções de folhas para serem infectadas. Em seguida, o CIM foi incubado durante 15 minutos com *A.tumefaciens* com duas construções. Os discos de folhas foram transferidos para as placas com ágar solidificado (sais basais MS, 1mg/1 2, 4- D), antes disso foram secos e deixados para incubação por 36 horas a 25 graus Celsius.

Os discos de folhas foram lavados com o líquido CIM (como se mostra no apêndice), de três em três dias, e foram seguidos durante 2 semanas, o que ajudou a remover as bactérias da cultura. Além disso, o processo foi efectuado com o meio SIM e seguido por 3 dias alternativos em 2 semanas de lavagem. O disco foi então deixado a incubar durante quatro semanas em SIM. Apenas os discos de folhas de plantas saudáveis que foram transformadas foram deixados para observação, enquanto as secções de plantas tingidas foram retiradas das placas.

Capítulo 3

Resultados

Isolamento do gene por PCR

O procedimento de isolamento foi então efectuado com a técnica de PCR, a fim de isolar os genes *arsB2890* e *arsC548* do ADN genómico de *L. sphaericus*. Foram observadas reacções diferentes com a introdução do mesmo gene que produziu a maior quantidade de ADN para os procedimentos mencionados a seguir. A figura 4 seguinte é o resultado da PCR, com uma única banda clara em todas as amostras, exceto na número 5; todas elas pertencem ao comprimento esperado.

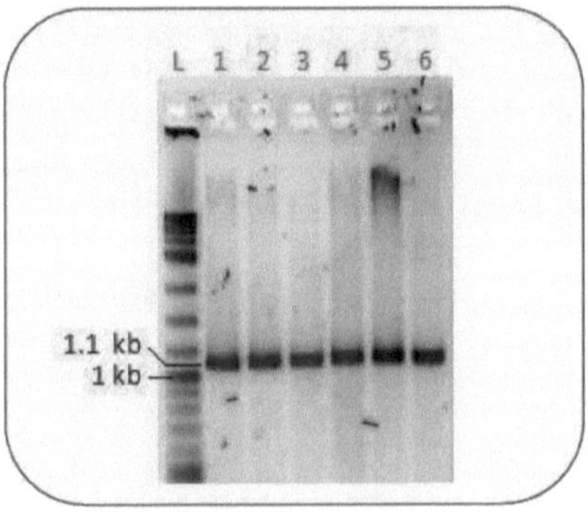

Figura 4.A. PCR dearsB2890 (L: escada de ADN log2; 1-6: arsB2890)

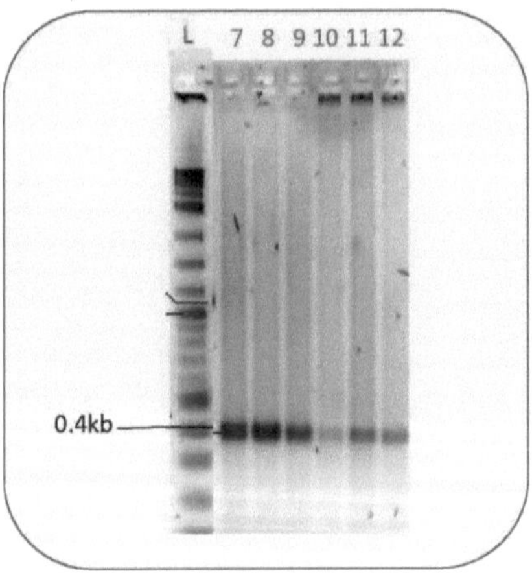

Figura 4.B. PCR dearsC548 (L: escada de ADN log2; 1-6: arsC548)

Clonagem de dois vectores

A figura 5.A. seguinte representa a digestão dos dois genes que produziram quase a mesma banda em comparação com os outros genes não digeridos. Isto deve-se ao facto de as limitações indicarem claramente os 20 nucleótidos por gene. No total, os 10 kb da banda do vetor digerido foram utilizados para o vetor restrito que ajuda a gerar as novas construções. De modo a dispor de um stock de trabalho de pMAN0385 e pMAN1080, foram selecionadas colónias para proliferar os vectores com estas subculturas. A partir da figura, as colónias 2 e 10 foram selecionadas para propagar o vetor.

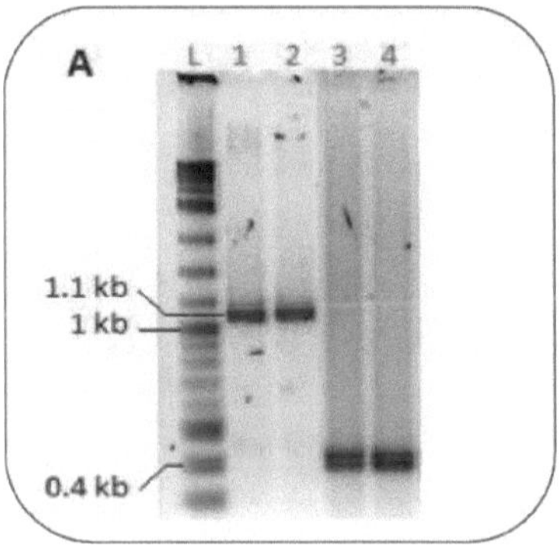

Figura 5.A. Géis de eletroforese que mostram: a restrição dos genes arsB2890 e arsC548 responsivos ao arsénio (L: log2 DNA ladder (NEB) com AflII e NcoI; 1: arsB2890 digerido com 1088 pb; 2: arsB2890 com 1111 pb; 3: arsC548 digerido com 365 pb; 4: arsC548 não digerido com 388 pb).

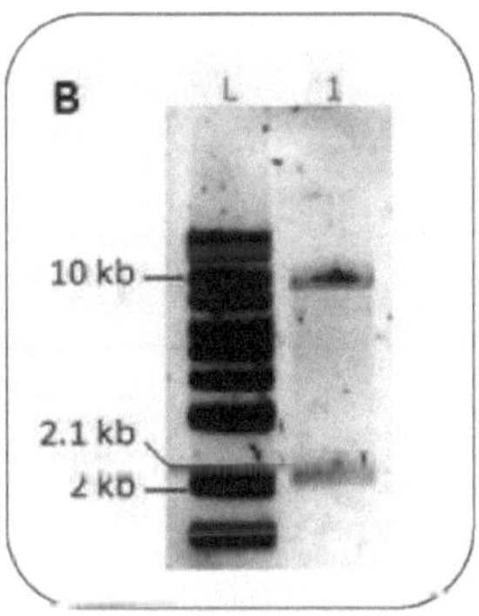

Figura 5.B. L: 1kb DNA Extend Ladder (NEB) Restrição do vetor binário pCAMBIA1301 utilizando NcoI eAflII.

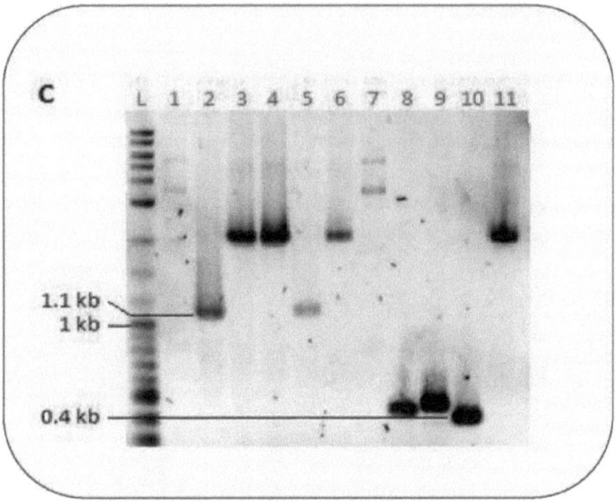

Figura 5.C. PCR contendo o vetor pCAMBIA (L: log2 DNA ladder (NEB), E.coli transformante utilizando PCR de colónias; foram encontradas potencialmente 1-5 colónias e 6-11 colónias contendo os genes *arsB2890* e *arsC548.*

Confirmação da construção do vetor

As duas séries de cortes foram utilizadas para a análise de restrição da construção do vetor. (Como se mostra na figura 2, isto ajuda a determinar se os vectores foram construídos com êxito ou não. A figura 6 (A) indica claramente que, no caso do pMAN1080, existiam dois fragmentos, a saber

a. Foram selecionados 4 kb e o outro que se situa aproximadamente entre a banda de 6th e 8th do ladder, que estava mais próximo da banda de pico do controlo, e um vetor linearizado de 10 kb apenas para o pMAN0385;
b. Os genes transformados eram quase semelhantes ou correspondiam ao tamanho da banda que eram mais pequenos em tamanho. Os vectores foram construídos com sucesso, de acordo com a comparação dos resultados esperados (figura 3).

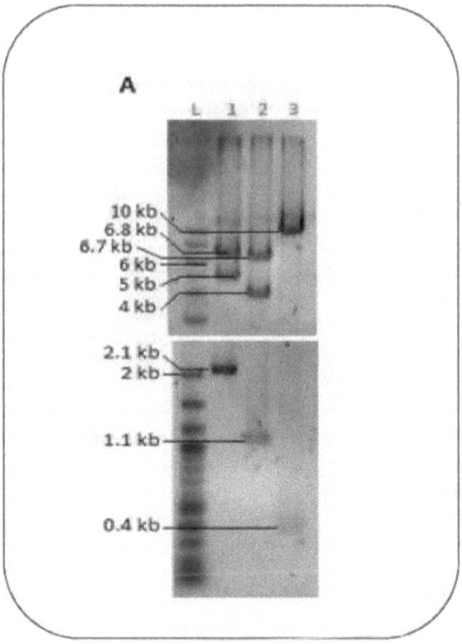

Figura 6 BspHI (4 kb-10 kb), AflII/NcoI (0,4 kb a 2,1kb) depCAMBIA1301 (Contol; 1), pMAN1080 (2) epMAN0385 (3) (L: log2 DNA ladder NEB) utilizando análise de restrição.

Além disso, os agentes de transformação foram analisados de acordo com a verificação do plasmídeo que os vectores foram construídos com sucesso, tendo sido depois utilizados para a transformação de células *de A. tumefaceins* com a ajuda de electroporação. A fim de determinar se as colónias formadas nas placas YM contêm o gene de interesse, foi realizada a técnica de PCR de colónias. A figura 7 indica claramente que algumas das bactérias foram transformadas com êxito utilizando a PCR de colónias. As colónias 9 e 11 foram designadas para os genes *arsB2890* e *arsC548*, respetivamente.

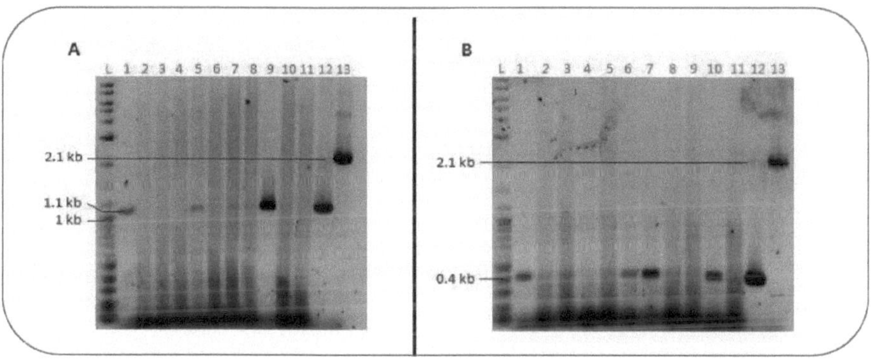

Figura 7. Transformação de Tumefaciens com técnica de PCR de colónia contendo os genes (A) arsB2890 (L: log2 DNA ladder (NEB); e (B) arsC548 (L: log2 DNA ladder (NEB); 1-12: Colónias de A. tumefaciens colhidas individualmente; 13: controlo do vetor).

Transformação de plantas

A transformação de plantas *de N. tabacum* foi efectuada para caraterizar a função dos genes In *arsB2890* e *arsC548*. A figura 8, controlo, mostra os resultados presumidos: formação de calos no controlo negativo e morte de folhas no controlo positivo.

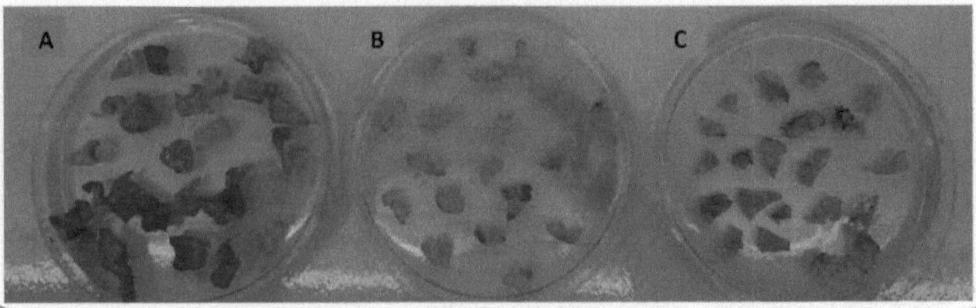

Figura 8: secções de folhas de N. tabacum *após 8 semanas de transformação [1: Não selectiva (não transgénica); 2: Selectiva (transgénica); 3: Selectiva (não transgénica)].*

A baixa produtividade foi contemplada a partir das transformações; no entanto, houve formação de calos nas amostras transformadas. Estes resultados serão pontificados na secção de discussão.

Figura 9. Rebentos transformados em controlo negativo.

A figura 9 mostra rebentos transgénicos regenerados a partir de calos transgénicos (figura 8.B) em meio seletivo.

Depois de o calo se ter formado e crescido até uma altura limitada na placa de Petri. Em seguida, foi transformado em frascos de cultura de tecidos de plantas, um com controlo positivo e outro com controlo negativo, como se mostra na figura 10.

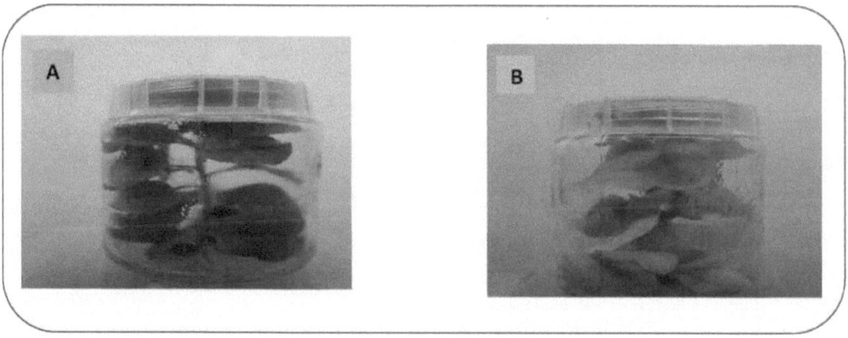

Figura 10. Plantas formadas a partir de rebentos excisados. (A) Planta transgénica formada em meio seletivo; (B) Planta não transgénica, folhas moribundas formadas em meio seletivo.

Figura 8. A placa 1 mostra que os materiais do disco foliar da planta são saudáveis e que o meio de cultura está a funcionar bem. A placa 2, disco de folhas de plantas transgénicas infectadas com agrobacterium em meios selectivos (*canamicina e vancomicina*), mostra que algumas plantas ainda permanecem verdes, enquanto outras se deterioram, uma vez que algumas estão transformadas e outras não são células vegetais transformadas, pelo que se deterioram. Placa 3, o disco de folhas de plantas não transgénicas (controlo) cultivadas em meios selectivos (*canamicina e vancomicina*) morreu, o que mostra que a seleção está a funcionar.

Capítulo 4

Discussão

Durante as últimas décadas, foram descobertos e aplicados muitos remédios e métodos para minimizar os efeitos da poluição tóxica na saúde geral e nas áreas públicas (Saval, S.U.S.A.N.A., 1999). Entre estes, a biorremediação foi considerada a técnica mais eficaz e amiga do ambiente para combater a contaminação em áreas específicas. É uma das aplicações mais importantes para os resíduos fluidos, onde se lida com as bactérias, criando-as num bioreactor e purificando as partículas contaminadas que passam por ele. Além disso, as aplicações sólidas também podem beneficiar desta técnica, desde que o poluente presente seja biodegradável. Nestas condições, a bactéria metaboliza o poluente quando exposta à zona afetada. No entanto, a biodegradação não é adequada para a contaminação por arsénio, uma vez que este pertence aos metais pesados e é impossível de metabolizar. Outro remédio que provou ser eficiente é a fitorremediação. Funciona com uma teoria semelhante à da biorremediação, mas dá ênfase à utilização de plantas em vez de bactérias (Li et al., 2011; Wang et al., 2002) para a remoção de arsénico do solo ou das terras. É uma excelente alternativa, uma vez que o montante investido na re-fertilização do solo contaminado é demasiado elevado para considerar a depuração através de bactérias. No entanto, com a evolução da investigação no vasto campo da biotecnologia, o metabolismo bacteriano pode agora ser combinado com a utilidade das plantas, a fim de produzir alternativas mais eficientes e económicas. Isto pode ser usado para resolver problemas que anteriormente eram impossíveis de resolver.

Os resultados de investigações anteriores realizadas na Universidade de Skovde confirmaram o facto de os genes *arsB2890* e *arsC548* de *L. sphaericus* desempenharem um papel crucial na absorção de arsénio e no crescimento, sendo o seu papel preservado em E. *coli* recombinante (tese de mestrado, dados não publicados). Com esta informação em mente, tentou-se gerar plantas transgénicas através da transformação de plantas de N. *tabacum* com *Agrobacterium tumefaciens* que alberga os genes *arsB2890* e *arsC548*. Com o objetivo de introduzir estes genes nas plantas, foram construídos dois vectores de transformação de plantas que albergavam os genes *arsB2890* e *arsC548* responsivos ao arsénio. Estes foram designados por pMAN1080 e pMAN0385, respetivamente. Uma vez que as plantas permitem uma manipulação e transporte simples, o alcance meticuloso dos seus sistemas radiculares ajudou a deixá-las servir como uma excelente alternativa às bactérias na biorremediação *in-situ* de poluentes que não são degradáveis (Yadav, Batra e Sharma, 2016).

Durante os processos de clonagem de genes, a pureza das amostras de ADN isoladas e utilizadas ao longo da experiência foi muito elevada, com uma $OD_{260/280}$ de cerca de 1,80 Foi detectada uma degradação muito menor ou nula durante a construção dos vectores. Por conseguinte, verificou-se que não havia qualquer contaminação. Além disso, quando a eletroforese foi realizada nas amostras de PCR, o resultado apresentou bandas limpas que correspondiam aos tamanhos esperados vistos na figura 7. No entanto, devido a potenciais correspondências de primers no genoma, é possível que exista algum ruído de fundo nos produtos de PCR das colónias, como se pode ver nas figuras 5, 6 e 7. Os resultados positivos indicam que as bandas correspondentes são únicas e claras, o que sugere uma amplificação específica sem degradação das sequências.

Embora as especificações fornecidas pelo fabricante tenham sido seguidas durante a utilização dos protocolos dos kits comerciais, foram feitas algumas excepções. Por exemplo, em vez dos 10 minutos recomendados, foi efectuada uma extensão para 90 minutos no processo de incubação durante a ligação do plasmídeo. Tentativas anteriores de analisar a ligação dos constructos mostraram que não havia *E. coli* a crescer nas placas LB.

Isto indicou uma ligação incorrecta dos vectores e, por conseguinte, a necessidade de prolongamento do tempo. O prolongamento do tempo de ligação resultou na clonagem bem sucedida do vetor na bactéria e, por conseguinte, produziu uma quantidade suficiente para a análise de restrição, bem como para outras experiências. Para garantir que as bactérias contêm transgénios, foi realizada uma PCR de colónia. O resultado confirmou que os dois vectores estavam estruturados tal como esperado (figura 7).

Em seguida, a fim de produzir uma *N. tabacum* geneticamente modificada, os dois vectores binários foram incorporados em *A. tumefaciens* por electroporação. Os genes *arsB2890* e *arsC548* foram clonados diretamente a jusante de uma sequência promotora CAMV35S (figura 5.A, 5.B, 5.C). O promotor, por sua vez, permitirá que os genes sejam sobre-expressos uma vez transferidos com sucesso para as plantas. De acordo com Verbruggen, et al., (2009), se as plantas conseguirem conservar a função destes genes, podem ser facilmente utilizadas na fitorremediação de solos contaminados com arsénio. Além disso, o resultado da PCR de colónia da *Agrobacterium* ilustrou que ambos os vectores foram clonados com sucesso em algumas das colónias. A fim de as manter para utilização futura, as colónias foram então cuidadosamente subcultivadas.

O disco foliar conseguiu sobreviver à seleção no processo de transformação das plantas. Na maioria das amostras de controlo positivo, verificou-se a formação de calos (figura 8), eliminando assim a falha do meio. Por outro lado, as amostras presentes no controlo negativo estavam a morrer (figura 8.C), o que indicava a existência de antibióticos activos. Estes resultados indicam que o meio de cultura de tecidos vegetais utilizado e a concentração de antibiótico estavam corretos. Além disso, a presença e a localização correta do transgene também foram confirmadas pela PCR de colónia adicional da *Agrobacterium*.

Sugere-se, através de experiências anteriores, que a transformação de *N. tabacum* mediada por *A. tumefaciens* é muito comum e proporciona uma elevada frequência de transformação (Horsch et al., 1985; Selvapandiyan et al., 1998; Evangelou, 2007; Nahar, 2014). No entanto, como a eficiência mediana de alteração é baixa (Pitzschke, 2013), o estudo foi realizado apenas nas folhas infectadas das plantas, enquanto outras partes, como as raízes, também podem ser utilizadas no processo (Valvekens et al., 1988)

Inicialmente, as minhas tentativas não foram bem sucedidas na obtenção de plantas transgénicas. Uma vez que a transformação mal sucedida não pode ser atribuída a nenhum dos materiais utilizados, é altamente possível que o problema principal resida no facto de a transformação ter baixa eficiência. Para retificar esta situação, o processo foi realizado pela segunda vez com amostras de maior dimensão. Assim, para a tentativa seguinte, foram selecionadas 50 secções de folhas para a transformação *arsB2890* e outras 50 para a transformação *arsC548*. Estas foram posteriormente subdivididas para gerar grupos de controlo. No caso de a falha depender da eficiência da transformação na tentativa anterior, é provável que o aumento das amostras resulte numa transformação positiva.

Na fase inicial, não consegui obter calos transgénicos e, consequentemente, plantas transgénicas. Após as terceiras tentativas, a minha experiência foi bem sucedida. Obtive calos transgénicos a partir dos quais foram regeneradas plântulas transgénicas (figura 8). Infelizmente, a frequência de transformação foi muito baixa (<6%). Provavelmente, foram necessárias algumas modificações no meio. Teoricamente, acredita-se que os genes responsivos ao arsénio superexpressos darão às plantas uma maior eficiência na acumulação de arsénio.

As plantas que crescem regularmente em solos poluídos têm a capacidade de absorver facilmente o arsénico; de facto, sabe-se que algumas espécies possuem as suas próprias arsénio-redutases, que são homólogas ao *arsC548*, em comparação com os genes endógenos intrínsecos. A introdução de uma arsenato-redutase juntamente com uma bomba de efluxo de arsénico de bactérias nas plantas apresenta uma grande possibilidade não só de induzir uma maior tolerância ao arsénico, mas também de aumentar a capacidade de absorção no organismo.

Uma vez que mais alguns genes responsivos a metais pesados, que ainda nem sequer foram caracterizados, foram encontrados na estirpe Bl-CDA de *L. sphaericus* (Rahman et al., 2014). Talvez possam ser desenvolvidas mais aplicações novas com os outros genes isolados desta estirpe de bactérias para ajudar a reduzir a contaminação por arsénio e também todos os outros tipos de poluição que têm um efeito de metal pesado.

Aspectos éticos

Este é considerado o fator ético que faz com que a geração de animais ou organismos geneticamente modificados não seja facilmente aceite pela sociedade. Nos últimos anos, as plantas geneticamente modificadas têm sido um tema de debate. O arroz dourado, o Flavr Savr e muitas outras. A modificação genética foi efectuada no seu núcleo para aumentar o seu prazo de validade ou para melhorar o seu valor nutricional. Estas melhorias e modificações criaram um ar de suspeita e histeria entre os OGM. Os meios de comunicação social digitais criaram uma onda de entusiasmo e colocaram estas plantas alteradas como motivo de preocupação. Esta intervenção dos meios de comunicação social criou perturbações e interrompeu a investigação e o desenvolvimento destes produtos, que trariam novas possibilidades ao mundo, especialmente ao sector agrícola, com a ajuda dos OGM.

Várias empresas biológicas estão a esterilizar as suas sementes para as proteger e para manter a sua identidade e propriedade intelectual. Estas estratégias são pouco éticas e têm sido criticadas. A razão para criticar estes passos é impedir que algumas empresas controlem e dominem as plantas modificadas e as suas sementes, o que lhes dará o benefício de poderem controlar o abastecimento alimentar do mundo.

O objetivo das plantas alteradas geneticamente, que respondem ao gene do arsénio, é sensibilizar os seres humanos para a sua utilização, efeitos secundários e riscos para a saúde. Estas plantas não se destinam ao consumo humano, tendo sido concebidas para sensibilizar o público. Estas culturas têm de ser controladas para que nenhum ser humano ou animal as possa consumir acidentalmente.

Investigação futura

Devem ser identificados e estudados mais genes. As plantas cultivadas devem ser transformadas com estes genes, a biorremediação eficaz do arsénio pode ser estudada utilizando plantas transgénicas.

Esta investigação é útil para empreender e prosseguir a perspetiva futura da contaminação por metais pesados e ajudará a encontrar

- Acumulação de metais pesados e também ajudará a encontrar procedimentos biológicos e compostos que sejam relevantes para ela.
- Ajudará também a gerar plantas transgénicas hiperacumuladoras ou plantas naturais.
- E, por último, ajudará também a otimizar os processos e o estudo da atividade *in situ* (Padmavathiamma, e Li, 2007; Tangahu et al., 2011; Rahman, 2011).

Reconhecimento

Este projeto de formação de seis meses foi uma viagem muito interessante no domínio da biotecnologia molecular com marcas de memórias inesquecíveis. Esta tese não teria sido possível sem a orientação e ajuda de várias pessoas, que, de uma forma ou de outra, contribuíram e deram o seu valioso apoio na preparação e conclusão deste estudo.

Em primeiro lugar, gostaria de expressar a minha sincera gratidão ao meu orientador, Dr. Abul Mandal, por me ter dado a oportunidade de trabalhar neste projeto. Sem a sua orientação e o seu apoio, seria muito stressante.

Investigadores que trabalharam direta ou indiretamente neste projeto: Noor Nahar, Aminur Rahman, Chandini Murarilal, Rekha Gopalan e Santiago Avila. Que nos seus trabalhos anteriores este projeto está cimentado.

Agradeço ao Hogskolan I Skovde, ao Instituto de Biotecnologia e Bioinformática Dr. D. Y. Patil e ao Dr. D. Y. Patil Vidyapeeth, Pune, por terem preparado a minha carreira académica e à direção por ter facilitado este programa de licenciatura e formação.

Estou grato a J.K. Pal, Diretor do Instituto de Biotecnologia e Bioinformática Dr. D.Y Patil, por me ter permitido realizar o meu projeto neste instituto.

Tanto quanto sei, este trabalho é original, exceto nos casos em que são feitos agradecimentos e referências a trabalhos anteriores.

Gostaria de agradecer especialmente aos meus pais pelo seu amor e apoio incondicionais e por terem tornado este período da minha vida livre de stress.

Por último, agradeço a todos aqueles que me apoiaram em todos os aspectos durante a realização da tese e a todos os que estão a ler isto. Obrigado a todos!

Referências

- Aborode F.A., Raab A., Voigt M., Costa L.M. Krupp E.M. Feldmann J. (2016): A importância da glutationa e das fitoquelatinas na detoxificação de selenito e arsenato em Arabidopsis thaliana. *Jornal de Ciências Ambientais,* 49:150-161.

- Aboulroos SA, Helal MID, e Kamel MM (2006): Remediação de solos poluídos com Pb e Cd utilizando técnicas de imobilização in situ e de fitoextracção. *SoilSediment Contam*, 15:199-215

- Amini M., Abbaspour K.C., Berg M., Winkel L., Hug S.J., Hoehn E, Yang H. e Johnson A.C. (2008): Statistical Modeling of Global Geogenic Arsenic Contamination in Groundwater. *Environ. Sci. Technol.* 42: 3669-3675.

- Anawar, H.M., Akai, J., Mostofa, K.M.G., Safiullah, S. e Tareq, S.M., 2002. Envenenamento por arsénico nas águas subterrâneas: risco para a saúde e fontes geoquímicas no Bangladesh. *Environment International, 27*(7), pp.597-604.

- Balasubramanian N., Kojima T., Ahmed Basa C., Srinivasakannan C. (2009): Remoção de arsénio de uma solução aquosa utilizando eletrocoagulação. *J.Hazard. Mater.* 167: 966-969.

- Banerjee S., Datta S., e Chattyopadhyay D., Sarkar P. (2011): Bactérias acumuladoras e transformadoras de arsénio isoladas de solo contaminado para uso potencial em biorremediação. J. env. Sci. and Health, Part A. 46, p 17361747.

- Bentley R., Chasteen T.G. (2002): Microbial methylation of metalloids: arsenic, antimony, and bismuth. *Microbiol Mol Biol Rev.* 66(2):250-71.

- Bredfeldt, T.G., Jagadish, B., Eblin, K.E., Mash, E.A. e Gandolfi, A.J., 2006. O ácido monometilarsónico induz a transformação de células da bexiga humana. *Toxicologyand applied pharmacology, 216*(1), pp.69-79.

- Bruins, M.R., Kapil, S. e Oehme, F.W., 2000. Microbial resistance to metals in the environment. *Ecotoxicologia e segurança ambiental, 45*(3), pp.198207.

- Caumette, G., Koch, I., Estrada, F. e Reimer, K.J., 2011. Especiação de arsénio em organismos planctónicos de lagos contaminados. Transformações na base da cadeia alimentar de água doce. *Ciência e tecnologia ambiental, 45*(23), pp.9917-9923.

- Chavez-Capilla T., Beshai M., Maher W., Kelly T., Foster S. (2006) Bioacessibilidade e degradação de espécies de arsénico de ocorrência natural dos alimentos no trato gastrointestinal humano. *Food Chemistry*, 212: 189-197.

- Choong, T.S., Chuah, T.G., Robiah, Y., Koay, F.G. e Azni, I., 2007. Toxicidade do arsénio, riscos para a saúde e técnicas de remoção da água: uma visão geral. *Dessalinização, 217*(1-3), pp.139-166.

- Das S., Santra A., Lahiri S., Guha Mazumder D.N. (2005): Implications of oxidative stress and hepatic cytokine (TNF-alpha and IL-6) response in the pathogenesis of hepatic collagenesis in chronic arsenic toxicity. *Toxicologia e Farmacologia Aplicada*. 204; 18-21

- Eblin K.E., Bowen M.E., Cromey D.W. (2006): O arsenito e o ácido monometilarsonoso geram uma resposta ao stress oxidativo em culturas de células da bexiga humana. *Toxicologia e Farmacologia Aplicada*. 217(1): 7.

- Emsley J. (2011): "Arsénio". Os blocos de construção da natureza: An A-Z Guide to the Elements. *Oxford, Inglaterra, Reino Unido: Oxford University Press*. Pp 47-55.

- EPA (Agência de Proteção do Ambiente) (2001): Inorganic arsenic - Report of the Hazard Identification Assessment Review Committee. *Comité de Revisão da Avaliação da Identificação dos Perigos da Divisão de Efeitos na Saúde (*HIARC) Código PC: 06801, 006802, 013505.

- Evangelou M.W., Ebel, M., Schaeffer A. (2007): Tabaco (*Nicotiana tabacum*) um Potente Fitorremediador. *Toxicologia Ambiental Terrestre e Aquática,* 43-57.

- Ezzouhri, L., Castro, E., Moya, M., Espinola, F. e Lairini, K., 2009. Tolerância a metais pesados de fungos filamentosos isolados de locais poluídos em Tânger, Marrocos. *Revista Africana de Investigação Microbiológica*, *3*(2), pp.35-48.

- Fageria N.K. (2007): Fisiologia do rendimento do arroz. *Journal of Plant Nutrition.* 30: 843-879.

- Fowler T., (1786): Medical reports on the effects of arsenic in the cure of agues, remittent fevers and periodic headaches. Londres: *Johnson,* pp 105-107.

- Francis CW, Timpson ME, Wilson JH (1999). Estudos à escala piloto e de bancada relativos à remoção de urânio de solos contaminados com urânio utilizando lixiviantes à base de carbonato e citrato. *J. Hazard. Mater.* 66: 67-87.

- Furuno, S., Pazolt, K., Rabe, C., Neu, T.R., Harms, H. e Wick, L.Y., 2010. Os micélios fúngicos permitem a dispersão quimiotáctica de bactérias degradadoras de hidrocarbonetos aromáticos policíclicos em sistemas insaturados de água. *Microbiologia ambiental*, *12*(6), pp.1391-1398.

- Gelvin S.B. (2003): Agrobacterium-Mediated Plant Transformation: the Biology behind the "Gene-Jockeying" Tool. *Microbiol Mol Biol Rev.* 67(1): 1637.

- Gianfreda, L. e Nannipieri, P., 2001. Princípios básicos, agentes e viabilidade da biorremediação de solos poluídos por compostos orgânicos. *Minerva Biotecnologica*, *13*(1), p.5.

- Ghosh M. e Singh S.P. (2005): A Review on Phytoremediation of Heavy Metals and Utilization of It's by Products. *Como. J. Energy Env.,* 6(04), 214-231

- Halder D., bhowmick S., Biswas A., Mandal U., Nriagu J., Guha Mazumder D.N., Chatterjee D., Bhattacharya P. (2012): Consumo de arroz integral: A potential pathway for arsenic exposure in rural Bengal. *Environmental Science and Technology.* 46:4142-4148.

- Harms H., Schlosser D. e Wick L.Y. (2011): Potencial inexplorado: explorando fungos na biorremediação de produtos químicos perigosos. *Nature Reviews Microbiology*, 9:177-192.

- Hogan C.M. (2012): *Heavy Metal.* In: Enciclopédia da Terra. Eds. Cutler J. Cleveland (Washington, D.C.: Coligação de Informação Ambiental, Conselho Nacional para a Ciência e o Ambiente).

- Horsch RB, Fry JE, Hoffman NL, Eichholtz D, Rogers SGFraley RT (1985): Um método simples e geral para a transferência de genes para as plantas. *Science* 227: 1229-1232.

- Iwamoto, T. e Nasu, M., 2001. Práticas e perspectivas actuais de bioremediação. *Journal ofbioscience and bioengineering*, *92*(1), pp.1-8.

- Jain, R., Patil, S. e Lal, D., 2014. Adsorção de Cr (VI) de ambiente aquoso usando pó de folhas de neem. *Jornal Internacional de Pesquisa em Engenharia e Tecnologia*, *3*(9), pp.25-28.

- Joshia, N., Paliwala, A. e Pantb, V., TOXICIDADE DOS METAIS PESADOS E SUA GESTÃO ATRAVÉS DA FITOREMEDIAÇÃO.

- Kaewsarn P., Yu Q. (2001): Remoção de cádmio (II) de soluções aquosas por biomassa pré-tratada de algas marinhas *Padina* sp. *Environ, Pollut.* 112: 209-

213.

- Kao, Y.H., Yu, C.L., Chang, L.W. e Yu, H.S., 2003. Baixas concentrações de arsénio induzem a libertação de fator de crescimento endotelial vascular e de óxido nítrico e estimulam a angiogénese in vitro. *Investigação química em toxicologia, 16*(4), pp.460-468.
- LI, S.F. e WANG, H.B., 2011. Avanços no Estudo do Solo Contaminado com Arsénio e da sua Tecnologia de Remediação [J]. *Pesquisa de Conservação do Solo e da Água, 4*, p.055.
- Martinez-Villafane, J.F., Montero-Ocampo, C. e Garcia-Lara, A.M., 2009. Análise do consumo de energia e de eléctrodos da eletrocoagulação para a remoção de arsénico de águas subterrâneas. *Journal of hazardous materials, 172*(2), pp.1617-1622.
- Mazumder, D.N.G., Haque, R., Ghosh, N., De, B.K., Santra, A., Chakraborty, D. e Smith, A.H., 1998. Arsenic levels in drinking water and the prevalence of skin lesions in West Bengal, India (Níveis de arsénio na água potável e prevalência de lesões cutâneas em Bengala Ocidental, Índia). *Jornal Internacional de Epidemiologia, 27*(5), pp.871-877.
- Meliker R.L., Wahl, Cameron L.L. e Nrigau J.O. (2007): Arsénio na água potável e doença cerebrovascular, diabetes mellitus e doença renal no Michigan: A standardized mortality ratio analysis. *Saúde Ambiental*, 6: 4.
- Mihajlovic I. (2007): Um método potencial para a remoção de arsénico de concentrados de cobre. *Minerals Engineering,* 20(1): 26-33.
- Moussavi G. e Barikbin B. (2010): Biosorbtion of chromium (VI) from industrial wastewater onto *Pistachio* hull waste biomass. *Chemical Engineering Journal,* 162(3): 893-900.
- Musingarimi W., Tuffin M. e Cowan D. (2010). Caracterização dos genes de resistência ao arsénio em Bacillus sp. UWC isolado de sólidos neutralizados de drenagem ácida de minas de cinzas volantes em maturação. *South African Journal of Science, 106 (2)*, pp. 59-63.
- Naik, M.G. e Duraphe, M.D., 2012. Artigo de revisão sobre os parâmetros que afectam a biorremediação. *Jornal Internacional de Ciências da Vida e Investigação Farmacêutica, 2*(3), pp.L77-L80.
- Nies, D.H. (1999) Microbial heavy metal resistance. *Microbiologia Aplicada.*

Biotechnology. 51, (p. 730-750).

- Padmavathiamma, P.K. e Li, L.Y., 2007. Tecnologia de fitorremediação: hiperacumulação de metais em plantas. *Poluição da água, do ar e do solo, 184*(1-4), pp.105-126.
- Pitzschke, A. (2013): Infeção por Agrobacterium e defesa da planta - o sucesso da transformação está pendurado por um fio. *Fronteiras em Ciência das Plantas*, 4: 519
- Rahman M.M., Owens G., Naidu R. (2009): Arsenic Levels in rice grain and assessment of daily dietary intake of arsenic from rice in arsenic- contaminated regions of Bangladesh-implications to groundwater irrigation. *Environ. Sci. of the total environnement.* 409(22): 4645-4655.
- Raab A., Feldmann J., Meharg A.A. (2004): A natureza dos complexos arsénio-fitoquelatina em Holcus lanatus e Pteris cretica. Plant Physiol, 134, pp. 1113-1122
- Rahman A., Nahar N., Nawani N.N., Jass J., Desale P., Kapadnis BP., Hossain K., Saha A.K., Ghosh S., Olsson B., Mandal A. (2014): Isolamento de uma estirpe *Lysinibacillus* B1-CDA mostrando potenciais para a remediação de arsénio. *J. Environ. Sci. and Health, PartA.* 49, *p.* 1349-1360.
- Rahman A., Nahar N., Nawani N.N., Jass J., Hossain K., Saha A.K., Ghosh S., Olsson B., Mandal A. (2015): Biorremediação de crómio hexavalente (VI) por uma bactéria transmitida pelo solo, *Enterobacter clocae* B2-DHA. *J. Environ. Sci. and Health, PartA*: 50(11): 1136-1147.
- Rahman M.A (2011): Arsénio aquático: Fitorremediação utilizando macrófitas flutuantes. *Chemosphere*, 83(5) 633-466.
- Rehren, T., Boscher, L. e Pernicka, E., 2012. Fundição em grande escala de cobre speiss e arsénico no início da Idade do Bronze em Arisman, Irão. *Journal of ArchaeologicalScience, 39*(6), pp.1717 1727.
- Rey N.A., Howarth O.W., Pereira-Maia E.C. (2004): Caracterização do equilíbrio dos sistemas As(III)-cisteína e As(III)-glutationa em solução aquosa. *Journal ofinorganic chemistry.* 98(6): 1151.
- Ray, S.A. e Ray, M.K., 2009. Bioremediação da toxicidade de metais pesados - com especial referência ao crómio. *Al Ameen J Med Sci, 2*(2), pp.57-63.
- Salt DE, Blaylock M, Kumar NPBA, Dushenkov V, Ensley BD, Chet I, Raskin I.

(1995). Fitorremediação: uma nova estratégia para a remoção de metais tóxicos do ambiente utilizando plantas. *Biotecnologia* 13: 468-475.

- Saval, S.U.S.A.N.A., 1999. Bioremediação: Clean-up biotechnologies for soils and aquifers. *Environmental Biotechnology and Cleaner Bioprocesses, Taylor and Francis, Boca Raton*, pp.155-166.
- Selvapandiyan A., Reddy V.S., Kumar P.A., Tewari K.K e Bhatnagar R.K. (1998): A transformação de Nicotiana tabacum com um gene cry1la5 nativo confere proteção completa contra Heliothis armigera. *Molecular Breeding* 4: 473-478
- Sharma, V. e Singh, P., 2015. POLUIÇÃO POR METAIS PESADOS E O SEU EFEITO NO AMBIENTE E NA SAÚDE HUMANA. *Análise, 2*, p.6.
- Silar S., Dariou J., Cocaign A., Busi F., Rodrigues-Lima F. e Dupret J.M. (2011): Os fungos como uma ferramenta promissora para a biorremediação de solos contaminados com aminas aromáticas, uma importante classe de poluentes. *Nature Reviews Microbiology,* 9(6): 477.
- Tangahu B.V., Abdullah S.R.S, Basri H., Idris M., Anuar N., e Mukhlisin M.A (2011): Revisão sobre a absorção de metais pesados (As, Pb e Hg) pelas plantas através da fitorremediação. *Revista Internacional de Engenharia Química.*
- Thomas, D.J., Styblo, M. e Lin, S., 2001. The cellular metabolism and systemic toxicity of arsenic. *Toxicologia e farmacologia aplicada, 176*(2), pp.127-144.
- Tongamp W., Takasaki Y. e Shibayama A. (2009): Remoção de arsénio de otres e concentrados de cobre através de lixiviação alcalina em meio NaHS. *Hydrometalurgy,* 98(34): 213-218.
- Tu C., Ma L.Q., Bondada B. (2002): Acumulação de arsénio no hiperacumulador freio chinês e seu potencial de utilização para fitorremediação. *J. Environ. Qual.* 31: 1671-1675.
- Wang J., Zhao, F.J., Meharg, A.A., Raab, A., Feldmann, J. e McGrath, S.P., 2002. Mecanismos de hiperacumulação de arsénio em Pteris vittata. Cinética de absorção, interações com fosfato e especiação de arsénio. *Plant physiology, 130*(3), pp.1552-1561.
- Valvekens D, Van Montagu M e Van Lijsebettens M. (1988): Transformação de explantes radiculares de Arabidopsis thaliana mediada por Agrobacterium tumefaciens através da seleção com canamicina. *Actas da Academia Nacional de Ciências dos Estados Unidos da América,* vol 85(15): 5536-5540

- Verbruggen N., Hermans C., e Schat, H., 2009. Mecanismos moleculares de hiperacumulação de metais em plantas. *NewPhytologist, 181* (4), pp.759-776.
- Wang, X.S., Li, Z.Z. e Tao, S.R., 2009. Remoção de crómio (VI) de uma solução aquosa utilizando casca de noz. *Jornal de Gestão Ambiental, 90*(2), pp.721-729.
- Wilcox, D.E., 2013. Arsénio. In *Interrelations between Essential Metal Ions and Human Diseases* (pp. 475-498). Springer Holanda.
- Xiong J., He Z., Joy D., Nostrand V., Luo G., Tu S., Zhou J. e Wang G. (2012) Avaliação da comunidade microbiana e dos genes funcionais num perfil vertical do solo com contaminação por arsénico a longo prazo. *PLoS ONE* 7(11).
- Yadav, A., Batra, N.G. e Sharma, A., 2016. Fitorremediação e fitotecnologias. *Revista Internacional de Biociência Pura e Aplicada, 4*(2), pp.327-331.
- Zafar S., Aquil F. e Ahmad I., (2007): Tolerância a metais e potencial de biossorção de fungos filamentosos isolados de solos agrícolas contaminados com metais. *Bioresour. Technol.* 98: 2557-2561.

Apêndice A - Protocolos e receitas

I: Protocolos

Extração de ADN

O kit MasterPure Gram Positive DNA Purification Kit (Epibio) foi utilizado para isolar o ADN genómico de *L. sphaericus,* tendo-se obtido a concentração final e a pureza seguintes.

O ADN genómico de *L. sphaericus* foi isolado utilizando as concentrações e a pureza finais:

$[gBlCDA]_{l=494}$ nano gramas por microlitro (ng/pl); Pureza 260/280 = 1,82

$[gBlCDA]_2$ =785 nano gramas por microlitro (ng/pl); Pureza 260/280 = 1,91

$[gB1CDA]_3$ = 666 nano gramas por microlitro (ng/pl); Pureza 260/280= 1,74

$[gBlCDA]_{4=}$ 570 nanogramas por microlitro (ng/pl); Pureza 260/280= 1,83

Otimização da PCR

Para todas as PCRs, foi utilizada a *Phusion* DNA Polymerase (Finnzymes). Na otimização da PCR, a mistura de PCR continha:

GENOMIC DNA	50 NANO GRAM
FORWARD AND REVERSE PRIMERS	0.05 Micro Molar
POLYMERASE	2U
MASTERAMP	1X
DISTILLED WATER	Upto 50 Microliters

Seguiu-se a otimização da PCR com a execução de 30 ciclos com as seguintes definições:

	TEMPERATURE (ºC)	TIME (MIN)
INITIAL DENATURATION	95	5
DENATURATION	94	0.5
ANNEALING	62-70 gradient	0.5
EXTENSION	72	1
FINAL EXTENSION	72	10

Isolamento do gene por PCR

A mistura de PCR continha:

GENOMIC DNA	50 NANOGRAM
FORWARD AND REVERSE PRIMERS	0.05 Micro Molar
POLYMERASE	2U
MASTERAMP	1X
DISTILLED WATER	To 50 Microliter

A PCR de otimização foi executada durante 30 ciclos com as seguintes definições:

	TEMPERATURE (ºC)	TIME (MIN)
INITIAL DENATURATION	95	5
DENATURATION	94	0.5
ANNEALING	67.1 (*ars B*) 65.5 (*ars C*)	0.5
EXTENSION	72	1
FINAL EXTENSION	72	10

Eletroforese

COMPONENTS	CONCENTRATION
AGAROSE	1%
LOADING DYE	5:1 ratio

Limpeza PCR

O kit de purificação PCR (Qiagen) foi utilizado para purificar o gene.

[*ars* B]= 31,8 nanogramas por microlitro (ng/pl); Pureza 260/280= 2,00

[ars C]= 75,9 nanogramas por microlitro (ng/pl), Pureza 260/280=1,87

Clonagem de pCAMBIA1301

Com o pCAMBIA1301 adquirido, 20 ul de *E.coli* competente em termos químicos foram transformados por choque térmico e cultivados durante a noite (meio LB contendo canamicina 50 ug/ml, 37^{0} C, 280 rpm).

A extração do plasmídeo foi efectuada com o kit de purificação de plasmídeos Qiagen:

[pCAMBIA1301]$_{1=}$ 710 nanogramas por microlitro (ng/pl); Pureza 260/280=1,90

[pCAMBIA 1301]$_{2=}$ 508,9 nanogramas por microlitro (ng/pl); Pureza 260/280= 1,88

[pCAMBIA 1301]$_{3=}$ 478,1 nanogramas por microlitro (ng/pl); Pureza 260/280=1,89

Restrições

Para obter resultados óptimos, foram utilizados cerca de 5 microgramas de ADN nas restrições.

Isolamento do fragmento do pCAMBIA1301

A mistura de restrição do vetor pCAMBIA1301 era:

	VOLUME (ML)
NEBBUFFER CUTSMART (10X)	5000
AFLII	1000
NCOI	1000
PLASMID (710 NG/ML)	6 (4 μg)
DISTILLED WATER	37,000

No total, isto corresponde a 50 microlitros. As amostras foram novamente incubadas a 37 graus Celsius para evitar uma restrição parcial. Antes de continuar, a enzima de restrição foi inactivada por aquecimento a 80 graus Celsius durante 20 minutos. Para observar e extrair o fragmento desejado, o produto da restrição foi submetido a uma eletroforese, como se mostra na figura 5B. Para evitar a degradação do ADN com a luz UV, a maior parte da amostra foi carregada na ponta do gel, enquanto uma pequena quantidade de amostra foi colocada ao lado da escada. Utilizando o QIAquick Gel Extraction Kit (Qiagen), os fragmentos desejados foram então isolados.

Restrição dos genes Ars B e ArsC

	VOLUME (ML)
GENE *(ARS C)*	35/ 15*
AFLII	1
NCOI	1
CUTSMART BUFFER (10X) NEB	5
DISTILLED WATER	Up to 50

*O volume dos genes foi ajustado para 3 ug de ADN.

Ligação

Proporção utilizada: 3:1 genes - plasmídeo

Condições de reação

	AMOUNT
GENE *(ARS C)*	15 Nanogram/ 6.1 Nanogram
PCAMBIA1301 FRAGMENT	50 Nanogram
T4 LIGASE NEB M0202	1 microliter
DNA LIGASE BUFFER 10X	2 Microliter
DISTILLED WATER	Up to 20 Microliter

O mesmo processo foi realizado incubando-o durante 90 minutos à temperatura ambiente e inactivando-o por calor a 65 graus Celsius durante 10 minutos. Depois disso, os plasmídeos recém-construídos foram transformados em *E.coli* através de um choque térmico.

Electroporação de *A. tumefaciens*

Condições de electroporação:

COMPONENTS	AMOUNT
***A. TUMEFACIENS* LBA4404**	20 Microliter
VECTORS	10 microgram

E funciona com uma corrente de 12,5 kV/cm

II: Receitas

TAE 50X

COMPONENTS	AMOUNT
GLACIAL ACETIC ACID	242 gram
TRIS FREE BASE	57.1 Microliter
DISODIUM EDTA	18.61 gram

Gel de agarose

COMPONENTS	AMOUNT
AGAROSE	1 Gram
TAE 1X	50 Milliliter

Meios LB

	VOLUME
AGAR	10 g/l
PEPTONE	10 g/l
NACL	10g/l
YEAST EXTRACT	5g/l
KANAMYCIN	50 ug/ml

Meios de comunicação YM

	VOLUME
AGAR	10 g/l (solid applications)
PEPTONE	5 g/l
NACL	10g/l
YEAST EXTRACT	3 g/l
MALT EXTRACT	3 g/ml
GLUCOSE	10 g/l
STREPTOMYCIN	100 µg/ml (Ti-plasmid resistance)
RIFAMPICILLIN	100 µg/ml (*Agrobacterium* natural resistance)
KANAMYCIN	50 µg/ml (pMAN1080 and pMAN0385 resistance)

Meios de germinação MS

COMPONENTS	AMOUNT
SUCROSE	30 g/l
MURASHIGE AND SKOOG MEDIUM POWDER4	4.4 g/l

And pH was adjusted to pH 5.8.

Meio basal MS

COMPONENTS	AMOUNT
SUCROSE	30 g/l
MURASHIGE AND SKOOG MEDIUM POWDER4	4.4 g/l
GELRITE	30 g/l

And pH was adjusted to pH 5.8.

Meios de comunicação CIM

COMPONENTS	AMOUNT
MURASHIGE AND SKOOG MEDIUM POWDER4	4.4 g/l
SUCROSE	30 g/l
GELRITE	3.5 g/l
L OF 2-4 D	0.1 mg/l

And pH was adjusted to pH 5.8.

Meios SIM

COMPONENTS	AMOUNT
GELRITE	3.5 g/l
MURASHIGE AND SKOOG MEDIUM POWDER4	4.4 g/l
SUCROSE	30 g/l
BAP	10 mg/l
IAA	1 mg/l
MES	500 mg/l

And pH was adjusted to pH 5.8.

Seleção

COMPONENTS	AMOUNT
VANCOMYCIN	50 µg/ml (pMAN1080 and pMAN0385 resistance)
HYGROMYCIN	50 µg/ml (pMAN1080 and pMAN0385 resistance)

MIX
Papier aus verantwortungsvollen Quellen
Paper from responsible sources
FSC® C105338

Printed by Books on Demand GmbH, Norderstedt / Germany